BEI GRIN MACHT SICH IHR WISSEN BEZAHLT

- Wir veröffentlichen Ihre Hausarbeit, Bachelor- und Masterarbeit

- Ihr eigenes eBook und Buch - weltweit in allen wichtigen Shops

- Verdienen Sie an jedem Verkauf

Jetzt bei www.GRIN.com hochladen und kostenlos publizieren

Bibliografische Information der Deutschen Nationalbibliothek:

Die Deutsche Bibliothek verzeichnet diese Publikation in der Deutschen National-
bibliografie; detaillierte bibliografische Daten sind im Internet über http://dnb.d-
nb.de/ abrufbar.

Impressum:

Copyright © 2017 GRIN Verlag, Open Publishing GmbH
Druck und Bindung: Books on Demand GmbH, Norderstedt Germany
ISBN: 9783668599963

Dieses Buch bei GRIN:

https://www.grin.com/document/384599

Benjamin Büchler

Uran im Trinkwasser. Ursachen, Wirkungen und Aufbereitungsmethoden

GRIN Verlag

1 Projektinhalt

1.1 Einführung

In der heutigen Zeit wird über sämtliche schädliche Umwelteinwirkung auf den menschlichen Organismus gesprochen, die Auswirkungen von Uran im Trinkwasser werden dabei aber oft außer Acht gelassen oder gänzlich verschwiegen. Mit diesem Projekt sollen daher Antworten auf Fragen wie „Woher kommt das Uran eigentlich?", „Was für Auswirkungen auf die Umwelt und den Menschen hat dieses Schwermetall?" und „Welche Möglichkeiten gibt es zur Reduzierung von Uran im Trinkwasser?" gefunden werden. Deutschlandweite Untersuchungen von Trink- und Rohwässern durch das Bundesamt für Strahlenschutz sowie Leitungswasseruntersuchungen durch die Verbraucherschutzorganisation foodwatch zeigten, dass in Deutschland die Grenzwertkonzentration von 10 µg/L[1] Uran in einzelnen zur Trinkwassergewinnung genutzten Rohwasser- und abgegebenen Trinkwasserproben überschritten worden ist.

1.2 Aufgabenstellung

Es wird eine differenzierte analytische Untersuchung zur Problemstellung „Uran im Trinkwasser" erstellt. Die möglichen Ursachen für den Eintrag von Uran ins Trinkwasser werden dargestellt. Erläutert werden die Wirkungen auf den menschlichen Organismus und die Umwelt. Des Weiteren werden verschiedene Aufbereitungsmöglichkeiten dargestellt und verglichen.

1.3 Wissenschaftlicher und technischer Stand

Zur Trinkwasseraufbereitung von uranhaltigen Wässern liegen nur vergleichsweise wenige Erfahrungen und Untersuchungen vor. Der größte Teil der hierzu vorliegenden Untersuchungen wurde in den 1980iger Jahren durchgeführt. Insbesondere in den USA wurde in Folge des Zwischenfalls im Atomkraftwerk Harrisburg und des Reaktorunfalls in Tschernobyl entsprechende Forschungsvorhaben aufgelegt.[2]

Zur Abwasserbehandlung bei Abbau von uranhaltigem Erz für die Atomindustrie werden heutzutage Ionenaustauscher eingesetzt.

---

[1] Bundesministeriums der Justiz und für Verbraucherschutz. (2001). Verordnung über die Qualität von Wasser für den menschlichen Gebrauch (Trinkwasserverordnung - TrinkwV 2001). Berlin.
[2] Bundesinstitut für Risikobewertung. (2007). *Gemeinsame Stellungnahme Nr. 020/2007.*

2 Ausarbeitung

2.1 Allgemeines über Uran

Uran ist ein in den Gesteinen der Erdkruste natürlich vorkommendes Schwermetall mit einer mittleren Konzentration von 2-4 g/t. Überdurchschnittliche Konzentrationen finden sich z.B. in Graniten (4 g/t) aber auch in Ton- und Sandsteinen (bis 4,2 g/t).

Natürliches Uran ist radioaktiv und setzt sich aus den drei Isotopen U^{238}, U^{235} und U^{234} zusammen. Beim radioaktiven Zerfall dieser drei Isotope wird Alpha-Strahlung freigesetzt, zusätzlich entsteht auch in geringem Umfang Gamma-Strahlung. U^{238} und U^{235} bilden jeweils das Anfangsglied einer radioaktiven Zerfallskette, so dass bei Anwesenheit von Uran auch die ebenfalls radioaktiven Tochternuklide (z.B. Ra^{226}, Rn^{222}, Pb^{210}) vorkommen können[3]. Diese Radionuklide werden im vorliegenden Projekt jedoch nicht betrachtet.

Bis vor wenigen Jahren wurde Radiotoxizität von Uran höher ein als seine chemische Toxizität eingestuft. Weitergehende Untersuchungen von Uran ergaben jedoch, dass die chemische Toxizität vordringlich zu betrachten ist.[4]

Abbildung 1: Uranerz aus dem Bayerischen Wald[5]

---

[3] Dr. Becker, C.,et al (2016). *Untersuchungsprogramm zum vorkommen natürlicher Radionuklide im Grundwasser am Beispiel Bayern.* Augsburg: Bayerisches Landesamt für Umwelt.
[4] Umweltbundesamt. (2013). *Kurzbegründung des gesundheitlichen Grenzwertes der Trinkwasserverordnung.* Dessau-Roßlau
[5] Kernenergie. (2017). Abgerufen am März 2017 von https://www.kernenergie.ch/upload/cms/user/Uranerz-big1.jpg

In der Natur tritt Uran überwiegend in der +4- oder +6-wertige Form auf. In wässrigen Systemen ist auf Grund seiner besseren Löslichkeit nur noch Uran in der Oxidationsstufe VI von Bedeutung. Dieses bildet wegen seiner hohen Affinität zu Sauerstoff das Uranyl-Ion (UO_2^{2+}), welches mit unterschiedlichen Liganden Komplexe bildet[6]. Die vorherrschende Spezies ist das Uranyl-Carbonato-Komplex ($UO(CO_3)_2^{2-}$).) im Nachfolgendem Text wird, verständnishalber nur noch von „Uran" gesprochen. Unter diesen Bedingungen kann Uran bis zu einigen hundert µg/l im Wasser enthalten sein.

Durch Reduktion von der 6-wertigen zur 4-wertigen Stufe kann Uran aus wässrigen Lösungen wieder entzogen werden (z.B. durch Organismen, kohlige Substanzen *(=kohlige Substanzen enthalten einen hohen Anteil an Kohlenstoff (bis zu 3%), der in Form von Graphit, Karbonaten und organischen Verbindungen, darunter Aminosäuren, vorliegen.)*[7], Bitumina und Kohlen). Auch die Adsorption von Uran aus wässriger Lösung ist von großer Bedeutung (Tone, Bentonite *(=ist ein Gestein, das eine Mischung aus verschiedenen Tonmineralien ist)*[8]) ebenso wie Möglichkeit der Nutzung von Fällungsprozessen (z.B. durch Phosphate). Dieses so der wässrigen Lösung entzogene Uran besitzt jedoch die Eigenschaft, durch Änderung seiner Wertigkeit schnell wieder in Lösung zu gehen zu können.[9]

2.2 Uran in Trink- und Grundwasser

Der Eintrag von Uran in das Grundwasser kann folgende Ursachen haben, welche im Weiteren erörtert werden:

- Uraneintrag durch Düngung
- Uraneintrag über Niederschlagswasser-Boden-Grundwasser
- Uraneintrag durch Altlasten (Uranabbau, Uranverarbeitende Industrie)

2.3 Uraneintrag durch Düngung

Rohphosphat enthält, in Abhängigkeit seiner Entstehung, Uran. Fast 90% des Rohphosphates wird für die Düngemittelherstellung verwendet. Die enthaltene Urankonzentration ist abhängig von der Lagerstätte, der Verarbeitung und der Aufschlussmethode.

Auch organische Dünger können Uran enthalten, wie z.B. Klärschlamm, Mist oder Gülle. Eine Abschätzung möglicher Uraneinträge aus verschiedenen Düngemitteln (ausgehend von einer Düngung von 22 kg Phosphor/ha*a) ist anhand Tabelle 1 möglich.[10]

[6] Uran Projekt. (2009). *Uranentfernung in der Trinkwasseraufbereitung.*(im Folgenden Uran Projekt 2009)

[7] Okrusch, M., & Matthes, S. (2010). *Mineralogie – Eine Einführung in die spezielle Mineralogie, Petrologie und Lagerstättenkunde.* (8., vollständig überarbeitete, erweiterte und aktualisierte Auflage. Ausg.). Berlin-Heidelberg New York: Springer (im Folgenden Okrusch 2010)

[8] ebd Okrusch 2010

[9] Friedmann, L.,et al.(2007). *Untersuchungen zum Vorkommen von Uran im Grund- und Trinkwasser in Bayern.* Augsburg: Bayerisches Landesamt für Umwelt (im Folgenden: Friedmann 2007)

[10] Dienemann, C., & Utermann, J. (37/2012). *Uran in Boden und Wasser.* Dessau-Roßlau: Bundesumweltamt. (im Folgenden Dienemann 37/2007)

Typ	P-Konzentration % Phosphor Spannweite	U-Gehalt $\dfrac{mg}{kg\ Phosphor}$ Spannweite	U-Eintrag $\dfrac{g}{ha*a}$ Mittelwert
TSP Triplesuperphosphat	16,6 – 20,6	52,3 – 362	22,0
NP Stickstoff-Phosphat-Dünger	5,3 – 25,8	0,62 – 198	7,0
PK Phosphat-Kalium-Dünger	5,8 – 13,4	31,2 – 163	23,0
NPK Stickstoff-Phosphat-Kalium- Dünger	1,5 – 13,5	0,04 – 113	8,0
Rindergülle	0,43 – 2,1	0,15 – 1,4	2,9
Klärschlamm	2,1 – 2,2	0,0005 – 18,5	3,2

2.3.1 Uraneintrag über Niederschlagswasser-Boden-Grundwasser

Durch jahrelange und witterungsbedingte Auswaschung aus Festgesteinsböden, wie sauren Magmatiten *(=Gestein das durch Abkühlung einer Gesteinsschmelze/Magma entstanden ist)*[12], Metamorphiten *(=Gestein jeglicher Art das durch Änderung des Umgebungsdrucks bzw. der Umgebungstemperatur entstanden ist)*[13], Tongesteinen sowie Kalk- und Mergelgestein *(=Gestein das entsteht, wenn das feine Material (Ton, Schluff) abgelagert und gleichzeitig Kalk ausgefällt oder ebenfalls abgelagert wird.)*[14], wurde Uran ins Grundwasser eingetragen und gelangte so durch Förderung aus dem Grundwasser zur Trinkwasserherstellung in den Wasserkreislauf.[15]

2.3.2 Uraneintrag durch Altlasten

Der aktive Uranerzbergbau in Deutschland wurde 1990 eingestellt. Die von dem zwischen 1962 und 1990 betriebenen Uranbergbau betroffenen Gebiete werden seither saniert. Der Abbau der Uranlagerstätten konzentrierte sich auf ein kleines Gebiet in Sachsen und Thüringen. Durch die Sanierung wurden im Zeitraum zwischen 1999 und 2008 dadurch jährlich zwischen 2,2 und

---

[11] ebd. Dienemann 37/2007
[12] Okrusch 2010
[13] Okrusch 2010
[14] Okrusch 2010
[15] Friedmann 2007

4,5[16] Tonnen Uran in die Oberflächenwässer eingetragen. In Bayern finden sich zwar auch Erzlagerstätten für Uran diese wurden jedoch nicht als abbauwürdig erachtet.

2.4 Deutschlandweites Urankonzentrationskataster

In Abbildung 1 ist die regionale Verteilung der Urankonzentrationen im Trinkwasser auf Basis von mehr als 4000 Einzelmessungen in Deutschland dargestellt. Die Messungen (Messstelle: Wasserhahn), wurden durch das Umweltbundesamt in den Jahren 2003 – 2008 durchgeführt. Man kann erkennen, dass sich erhöhte Werte hauptsächlich in den Mittelgebirgen finden. Der Großteil des Trinkwassers in Deutschland ist gar nicht bis niedrig belastet mit Uran.

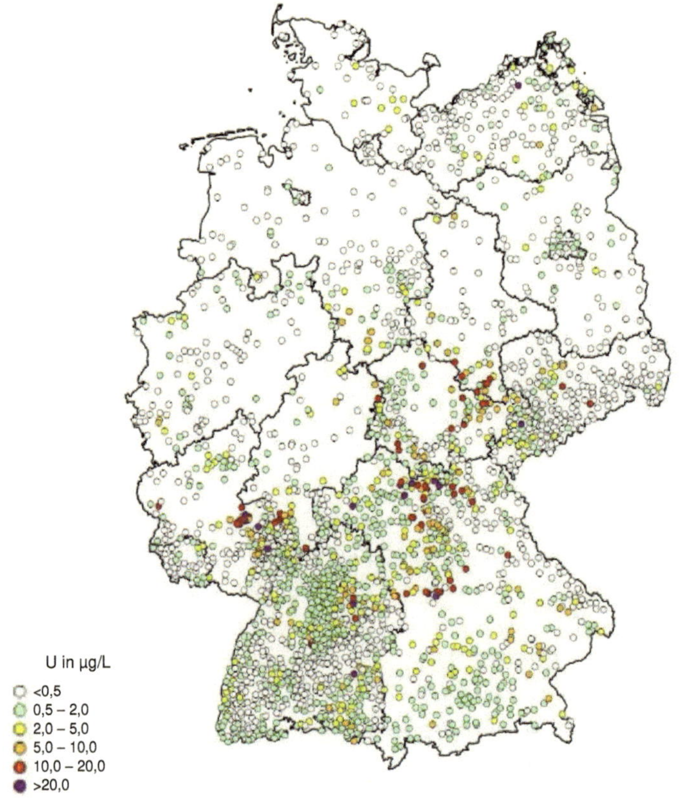

Abbildung 2: Regionale Verteilung von Urankonzentrationen im Trinkwasser[17]

---

[16] Dienemann 37/2007
[17] Dienemann 37/2007

2.5 Bayernweites Urankonzentrationskataster

In Abbildung 2 sind die Uranwerte als Messpunkte dargestellt, wobei die Messwerte in übersichtliche Größenklassen zusammengefasst wurden. Es zeichnen sich markante Bereiche ab, in denen Uran im Grund- und Trinkwasser mit erhöhten Konzentrationen auftritt. Diese Bereiche sind farbig unterlegt hervorgehoben. Gut zu sehen ist hier, dass die Bereiche in der Fränkischen Alp, im Bayerischen Wald und im Fichtelgebirge ganze Bereiche mit erhöhten Urankonzentrationen sind.

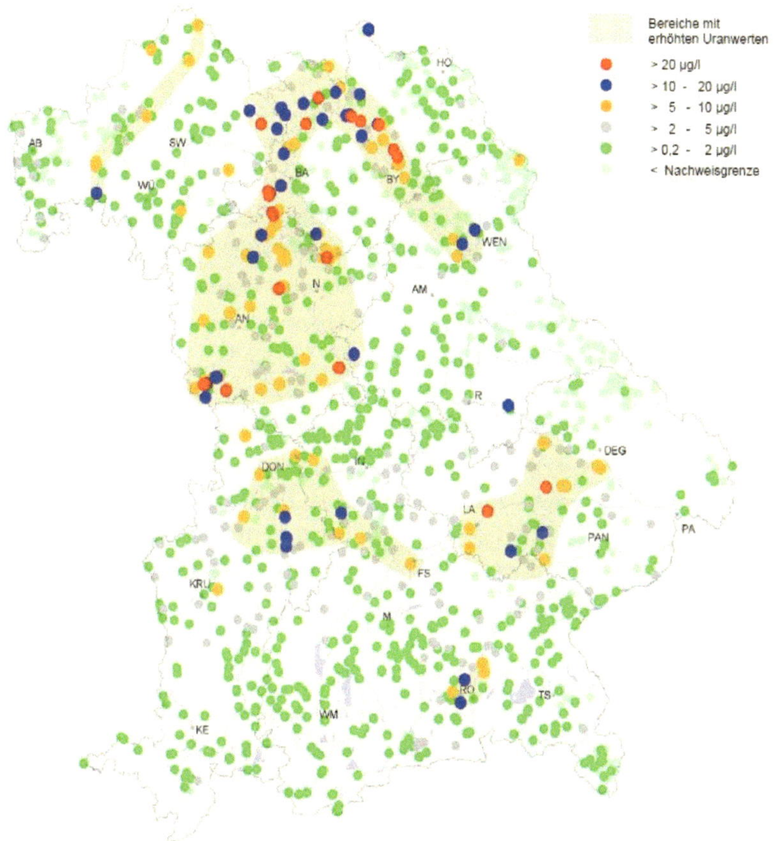

Abbildung 3: Natürliche Uranwerte im Grund- und Trinkwasser Bayerns[18]

---

[18] Friedmann 2007

2.6 Wirkungen auf den menschlichen Organismus

Uran ist für den Menschen nicht lebenswichtig. Bei anhaltender Aufnahme höherer Urankonzentrationen kann es durch die chemische Giftigkeit der Substanz zu Nierenschäden kommen. Die radioaktiven Zerfallsprodukte von Uran können Krebs auslösen. Daher kann es nicht ausgeschlossen werden, dass Verbraucher über Trink- oder Mineralwasser gesundheitlich bedenkliche Mengen an Uran aufnehmen, wenn dieses aus Regionen mit hohen natürlichen Uranvorkommen stammt. Für die Bewertung eines möglichen Gesundheitsrisikos von Uran muss daher sowohl die chemische als auch die radiologische Giftigkeit betrachtet werden. Das radiologische Risiko durch Uran, welches über die Nahrung, inklusive Trink- und Mineralwasser aufgenommen wird, ist für Verbraucher in Deutschland sehr gering. Die Strahlenexposition liegt weit unter den Dosisrichtwerten.

Die Strahlenexposition infolge der inkorporierten Isotope U^{234}, U^{235} und U^{238} ist ein Maß für das radiologische Gefährdungspotenzial des Urans Eine Inkorporation kann durch den Verzehr von uranhaltigen Lebensmitteln einschließlich Trinkwasser *(Ingestion)* und durch das Einatmen uranhaltiger Stäube *(Inhalation)* verursacht werden. Durch den Stoffwechsel gelangen die Uranisotope in die einzelnen Organe des menschlichen Körpers. Da beim radioaktiven Zerfall der Uranisotope energiereiche Alphateilchen emittiert und diese auf Grund der kurzen Reichweite im jeweiligen Organgewebe absorbiert werden, kommt es zu einer Strahlenschädigung des Gewebes, die ein Krebsrisiko zur Folge hat.

Die orale LD_{50} *(= Lethale Dosis, bedeutet die Dosis einer Substanz die zu 50% tödlich wirkt)* wird je nach Uranverbindung und Spezies mit Werten zwischen 100 mg/kg Körpergewicht (KG) und über 1000 mg/kg KG, bezogen auf Uran, angegeben. Für männliche Sprague-Dawley Ratten und männliche Swiss-Webster Mäuse werden z.B. als LD_{50} für Uranylacetatdihydrat nach einmaliger Schlundsondengabe Werte von 114 mg/kg KG bzw. 136 mg/kg KG, bezogen auf Uran, angegeben. Zu den typischen Symptomen einer Vergiftung zählen Piloerektion *(Haarsträuben)*, deutlicher Gewichtsverlust und Hämorrhagien *(=Austreten von Blut)* in Auge und Nase.

Uran wirkt, ähnlich wie andere Schwermetalle auch, nierentoxisch, allerdings schwächer als Blei, Cadmium und Quecksilber. Nach chronischer Zufuhr höherer Dosen stehen beim Menschen, ähnlich wie bei Versuchstieren, Nierenschädigungen im Vordergrund, in erster Linie Schädigungen der proximalen Tubuli *(=röhrenförmige Feinstruktur sowohl von Organen, zum Beispiel der Niere, als auch von Organellen der Zelle)[19]*. Die toxische Wirkung wird durch Ablagerung von Uran im Epithel *(=ein- oder mehrlagige Zellschichten, die alle inneren und äußeren Körperoberflächen der vielzelligen tierischen Organismen bedecken)[20]* der Tubuli hervorgerufen, was dort zu Nekrosen *(=Absterben von Gewebe)[21]* und Atrophien *(=Gewebeschwund)[22]*

---

[19] Lingen, H. (2006). *Medizin, Mensch, Gesundheit - Krankheiten, Ursachen, Behandlungen von A - Z / Medizinische Fachbegriffe / Der Körper des Menschen / Natürliche Heilverfahren / Erste Hilfe*. Köln: Lingen (im Folgenden Lingen 2006)
[20] ebd Lingen 2006
[21] Lingen 2006

führt, die eine Verringerung der Rückresorption in den Nierentubuli bewirken können. Verschiedene tierexperimentelle Studien weisen darauf hin, dass relativ gut wasserlösliche Verbindungen wie Uranylnitrat-Hexahydrat, Uranhexafluorid, Uranylfluorid, Urantetrachlorid und Uranpentachlorid die potentesten Nierengifte unter den Uranverbindungen sind, während die weniger wasserlöslichen wie Natriumdiuranat und Ammoniumdiuranat eine deutlich geringere Nierentoxizität zeigen. Die wasserunlöslichen Uranverbindungen wie Urantetrafluorid, Urantrioxid, Urandioxid, Uranperoxid und Triuranoctaoxid scheinen dagegen, oral aufgenommen, kaum noch nierentoxisches Potenzial zu haben. Dagegen zeigen sie nach Inhalation eine gewisse Lungentoxizität. Generell kann davon ausgegangen werden, dass sechswertiges Uran, das dazu neigt, lösliche Verbindungen zu bilden, toxischer ist als dreiwertiges, das unlösliche Verbindungen bildet. Da die tatsächlich in Deutschland auftretenden U^{238}-Konzentrationen in Trinkwasser weit unter den zulässigen Maximalwerten liegen, ist das von Uran ausgehende radiologische Gefährdungspotenzial für den Ingestionspfad sehr gering. Für Mineralwasser gelten aus radiologischer Sicht die gleichen Schlussfolgerungen wie für Trinkwasser[23]

2.7 Auswirkung auf die Umwelt

Forschungsbedarf besteht insbesondere zum ökotoxikologischen Verhalten von Uran, vor allem im Hinblick auf Uranwirkungen auf die Fauna des Grundwassers und des Bodens. Auch die standortspezifischen und produktionstechnischen Randbedingungen des Einflusses der Mineraldüngung auf die Urankonzentrationen des Sickerwassers und des Grundwassers sowie die Mobilität und damit Verlagerung des Urans sind noch nicht ausreichend untersucht. Des Weiteren entstehen Uranabfälle bei der Adsorption durch die Desorption. Hier wird das Uran aus dem Adsorbent entfernt sowohl bei dem Ionenaustauscher durch Regeneration des Austauscherharzes als auch bei der Flockung/Filtration als Filtrationsschlamm der meist der Verbrennung zugeführt wird und zusätzlich bei der Membranfiltration als Konzentrat, welches einer Abwasserbehandlung zugeführt wird. Diese Abfälle werden zumeist auf einer Deponie abgelagert oder der Müllverbrennung zugeführt, in Einzelfällen kann eine Regeneration erfolgen. Diese Aufbereitungsmethoden werden in Folgenden Absätzen detaillierter erörtert.

2.8 Aufbereitungsmethoden von Uran im Rohwasser

Für die Entfernung von Uran in Rohwässer werden im Allgemeinen die gängigsten Aufbereitungsmethoden genauer dargestellt. Des Weiteren wird kurz auf ein neuartiges Kompositmaterial eingegangen.

Es gibt vier grundlegende Methoden zur Wasseraufbereitung: Adsorption, Ionenaustausch, Flockung/Fällung und Nanofiltration/Umkehrosmose. Diese Methoden werden genauer in ihrer Funktion beschrieben.

---

[22] Lingen 2006
[23] Bundesinstitut für Risikobewertung. (2007). *Gemeinsame Stellungnahme Nr. 020/2007.*

2.8.1 *Adsorption*

Ein Verfahren mit dem Uran aus Wässern entfernt werden kann, ist die Adsorption. Der Begriff stammt von lateinischen *„adsorptio", bzw. „adsorbere" = „(an-)saugen"*. Das Adsorbent, in diesem Fall ein oxidisches Adsorbent, dient der Entfernung des Urans. Bei der Adsorption lagert und reichert sich ein Stoff an der Oberfläche eines anderen Stoffes an. Dies ist in der Regel ein physikalischer Effekt, der Stoff wird mit Hilfe der Van-der-Waals-Kräfte an der Oberfläche gehalten. Es findet keine chemische Reaktion statt, somit kann das Adsorbent, mit der so genannten Desorption, wieder regeneriert werden. Die Desorption kann durch Änderung des pH-Werts oder Temperaturerhöhung erfolgen. Das Adsorbent sollte eine möglichst große Porosität aufweisen, damit eine möglichst große innere Oberfläche entsteht und viel Stoff angelagert werden kann. Die Absorption gehört auch zu den Sorptionsverfahren, wobei hier der Stoff aufgenommen nicht angelagert wird. [24][25][26]

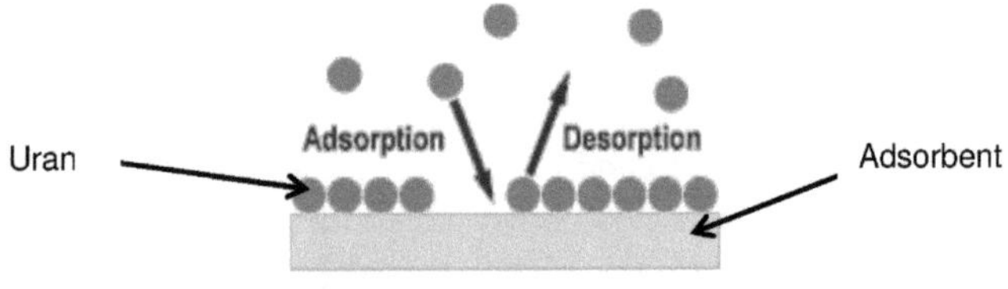

Abbildung 4: Adsorption[27]

2.8.2 *Ionenaustauscher*

Der Ionenaustauscher basiert auf dem Prinzip der Absorption, wobei hier die angelagerten Ionen durch ein gleichwertiges Ion ausgetauscht werden. Als Ionenaustauscher werden Stoffe bezeichnet, die aus einer Elektrolytlösung Ionen aufnehmen können und im Austausch dafür eine äquivalente Menge von gleichgeladenen Ionen an Lösung abgegeben. Die Ionen werden hierbei an fest verankerte, geladene Gruppen des Ionenaustauschers angelagert, den so genannten funktionellen Gruppen. Diese müssen die Fähigkeit zur Dissoziation oder zur Aufnahme von Protonen haben, um Ladungen zu erhalten. Je nach Ladungsvorzeichen der funktionellen Gruppe kann der Ionenaustauscher Kationen oder Anionen aufnehmen. Für die Bindung von Kationen werden saure Gruppen wie Carboxyl- und Sulfonatgruppen verwendet, für die Anlagerung von Anionen, basische Gruppen wie Amino- oder Ammoniumgruppen. Je nach Dissoziations- bzw. Protonierungsstärke der Gruppen, werden die Austauscher weiterhin in stark sauer und schwach sauer bzw. in stark basisch und schwach basisch unterschieden. Obwohl es theoretisch eine große Zahl möglicher funktioneller Gruppen gibt, werden kommerziell erhält-

[24] Ignatowitz, E. (2015). *Chemietechnik*. Europa-Lehrmittel. (Im Folgenden: Ignatowitz 2015)
[25] Uran Projekt. 2009
[26] Bathen, D., & Breitbach, M. (2001). *Adsorptionstechnik*. Berlin: Springer
[27]ChemGaroo. (2017). Abgerufen am 02. 04 2017 von
http://www.chemgapedia.de/vsengine/vlu/vsc/de/ch/4/cm/phasen.vlu/Page/vsc/de/ch/4/cm/phasen/adsorption.vscml.html

liche Austauscher nahezu nur mit den in der nachfolgenden Tabelle aufgelisteten Gruppen hergestellt.[28][29]

Tabelle 2: Funktionelle Gruppen von kommerziell erhältlichen Ionenaustauschern[30]

Austauscher Typ	Funktionelle Gruppe	
stark saurer Kationen-Austauscher	$-SO_3^-$	Sulfonatgruppe
schwach saurer Kationen-Austauscher	$-COO^-$	Carboxylgruppe
stark basischer Anionen-Austauscher	$-[N(CH_3)_3]^+$	Aminogruppen
schwach basischer Anionen-Austauscher	$-NH_3^+$ oder $-NRH_2^+$ oder $-NR_1R_2H^+$	Ammoniumgruppen

Die stark bzw. schwach sauren Kationen-Austauscher werden zur Entfernung von z.B. Mg^{2+} (Magnesium), Ca^{2+} (Calcium), K^+ (Kalium), Na^+ (Natrium), verwendet. Die stark bzw. schwach basischen Anionen-Austauscher werden zur Entfernung von z.B. Cl^- (Chlorid), NO_3^- (Nitrat), NO_2^- (Nitrit), CO_3^{2-} (Carbonat), verwendet. Der Unterschied zwischen schwach und stark liegt hier in der Fähigkeit, dass die stark sauren/basischen sämtliche Ionen Austauschen, und die schwach sauren/basischen nur selektiv Ionen austauschen können.

2.8.3 Flockung- und Filtration

Ein gängiges Verfahren, um gelöste Metalle, in diesem Fall Uran bzw. das sechswertigen wasserlösliche Uranyl-Ion, und andere Ionen aus Wässer zu entfernen, ist das Ausfällen durch Verschieben des pH-Werts unter Zuhilfenahme eines Flockungsmittels, meistens anorganische Hydroxidbildner wie Calciumhydroxid, Aluminiumhydroxid oder Eisenhydroxid. Es gibt eine ganze Reihe an Flockungsmittel und Flockungshilfsmittel, die im Prinzip alle ähnlich funktionieren. Jedoch hat jedes einzelne spezielle Vorzüge, die mit örtlichen Gegebenheiten, Anlagenkonstruktion, Wasserzusammensetzung und dem Reinigungsziel abgestimmt werden müssen. Durch Flockung werden feinste suspendierte oder kolloidale Fremdbestandteile des Wassers „koaguliert" (= Zusammenklumpen und sich Ausscheiden von suspendierten Substanzen), um sie so aus dem Wasser durch Sedimentation oder Filtration besser abscheiden und entfernen zu können. Dabei handelt es sich um ein gemischt chemisch- und physikalisches-technisches Verfahren.

Die feinst suspendierten oder kolloidalen Fremdbestandteile sedimentieren nicht von selbst oder zu langsam durch die so genannte „brownschen Molekularbewegung". Dadurch stoßen o-

---

[28] ebd. Ignatowitz 2015
[29] ebd. Uran Projekt 2009
[30] ebd. Uran Projekt 2009

der treffen sich die Teilchen gegenseitig so, dass sie in Schwebe gehalten werden. Nach der Zugabe des Flockungsmittels ist in einer zweiten Stufe ein Filter installiert, welcher mit Bims, Filterkohle oder Quarzsand gefüllt sein kann. Die verwendete Korngröße entscheidet über die Abscheidegüte. Nachdem ein gewisser Druckunterschied von Eingangsdruck zu Ausgangs-druck herrscht, muss rückgespült werden.[31][32]

2.8.4 *Membranfiltration*

Die Umkehrosmose (auch Reverse Osmosis genannt) ist ein physikalisches Verfahren zur Konzentrierung von in Flüssigkeiten gelösten Stoffen, bei der mit Druck der natürliche Osmose-Prozess umgekehrt wird.

Osmose basiert auf einem natürlichen Vorgang, durch den beispielsweise Pflanzen mit ihren Wurzelzellen Feuchtigkeit aus dem Boden ziehen. Der gleiche Vorgang findet im menschlichen Körper statt und bewirkt einen Austausch von Stoffen über die Zellmembran. Werden zwei unterschiedlich befrachtete Flüssigkeiten durch eine Zellmembrane getrennt, so bewegen sich nach dem Prinzip der „brownschen Molekularbewegung" Flüssigkeitsmoleküle zur weniger konzentrierten Lösung. Dadurch entsteht osmotischer Druck. Um aber möglichst reines Wasser zu gewinnen, wird auf der belasteten Seite ein Druck erzeugt, der wesentlich höher ist. Der Vorgang wird also umgekehrt, was mit dem Ausdruck Umkehrosmose bezeichnet wird. Bei der Umkehrosmose wird mit einer den Arbeitsdruck erzeugenden Pumpe belastetes Wasser durch eine synthetische, halbdurchlässige (semipermeable) Umkehrosmose-Membrane gepresst, die Wassermoleküle durchlässt, Fremdbestandteile des Eingangswassers jedoch nicht. Auf der einen Seite der Umkehrosmose-Membrane sammelt sich reines Wasser, das so genannte Permeat. Das aufkonzentrierte Wasser, das so genannte Konzentrat, wird kontinuierlich abgeführt. Damit wird ein ständiger osmotischer Druckunterschied ermöglicht und somit sich die Fremdbestandteile im Konzentrat anreichern. Die Nanofiltration ist auch ein druckgetriebenes Membranverfahren, um gelöste Stoffe und andere Partikel zu entfernen. Membrane, die in der Nanofiltration eingesetzt werden, haben definitionsgemäß eine Porengröße von höchstens 2 nm, was sie von gröberen Membranen unterscheidet, die in der Ultrafiltration und Mikrofiltration eingesetzt werden. Im Vergleich zur Umkehrosmose werden bei Nanofiltration entsprechend gröbere Membrane und geringere Arbeitsdrücke verwendet. Nachfolgendes Bild verdeutlicht der unterschiedlichen Membrane.[33][34]

[31] *Brockhaus ABC Chemie.* (1965). Leipzig: Brockhaus Verlag
[32] ebd. Ignatowitz 2015
[33] Melin, T., & Rautenbach, R. (2007). *Membranverfahren.* Springer.
[34] Kärcher Futuretech. (2010). Systemhandbuch Wasseraufbereitungs-Ausstattung, leicht, luftverladbar, (leTAA)

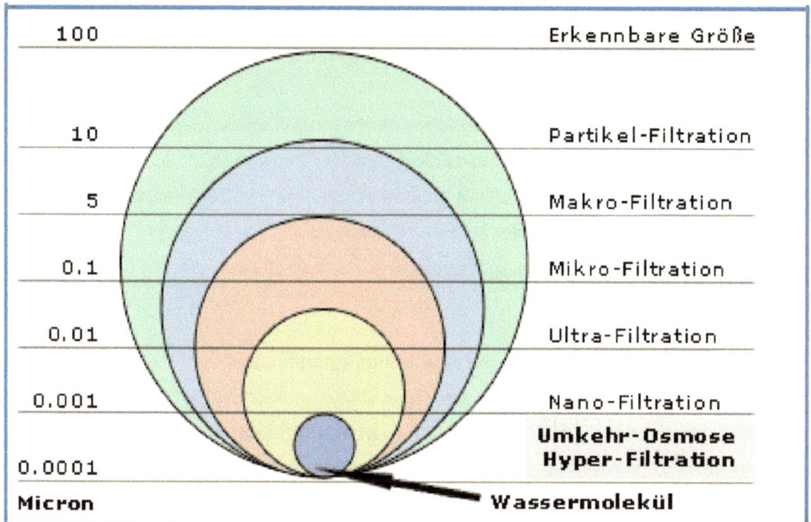

Abbildung 5: Größenvergleich der eingesetzten Membrane[35]

2.8.5 *Kompositmaterial*

Bei der Wasseraufbereitung werden üblicherweise mehrere Filter hintereinandergeschaltet, die jeweils für eine Schadstoffgruppe ausgelegt sind. Das neue Filtermaterial ist dagegen ein Allrounder. Die Wissenschaftler von den Universitäten Ulm und Zaragoza (Spanien) haben einen noch jungen Ansatz zum Design von Materialien aufgegriffen, mit dem sich molekulare Komponenten in multifunktionale Komposite zusammenfügen lassen in Form sogenannter SILP-Materialien *(geträgerte ionische Flüssigphasen, engl.: supported ionic liquid phases).* Eine ionische Flüssigkeit ist ein Salz, das bereits bei Raumtemperatur als Schmelze vorliegt und damit flüssig ist, ohne in einem Lösungsmittel gelöst zu sein. Eine solche ionische Flüssigkeit wird an ein festes Substrat adsorbiert. Auf diese Weise entsteht ein festes Verbundmaterial, dessen Eigenschaften durch chemische Modifikationen jeder einzelnen Komponente gezielt eingestellt werden können.

Die Forscher um Scott G. Mitchell und Carsten Streb stellten jetzt erstmals SILPs auf der Basis von Polyoxometallaten (POM) her. *(POM sind molekulare Übergangsmetall-Sauerstoff-Cluster, deren Metallatome durch Sauerstoffatome verbrückt sind und ein dreidimensionales Netzwerk bilden können.)* Für die Filtermaterialien wählten sie Polyoxowolframat-Anionen. Diese verfügen über eine Bindungsstelle, an der Schwermetallionen fixiert werden können. Als Gegenionen wählten sie voluminöse Tetraalkylammonium-Kationen, die für ihre antimikrobielle Wirkung bekannt sind. Die entstehenden ionischen Flüssigkeiten sind hydrophob, nicht mit Wasser misch-

---

[35] Reverse Osmosis Systems. (2017). Abgerufen am 03. März 2017 von http://www.gesundheitswasser osmose.de/src/umkehrosmose/trinkwasser,umkehrosmose.htm

bar und bilden stabile dünne Schichten auf Oberflächen. Mit porösem Siliciumdioxid als Träger erhielten die Forscher trockene, rieselfähige Pulver, die sich einfach transportieren und handhaben ließen.

Bei den Labortests entfernten die Anionen der neuen Komposite zuverlässig Blei-, Nickel-, Kupfer-, Chrom- und Kobaltionen. Radioaktives Uran in Form von $UO_2{}^{2+}$ wurde direkt vom Siliciumdioxid-Träger abgefangen. Ebenfalls entfernt wurde ein in der Textilindustrie üblicher wasserlöslicher blauer Trityl-Farbstoff, der aufgrund des lipophilen Charakters der ionischen Flüssigkeit fest darin gebunden wird. Die antimikrobiellen Kationen stoppten effektiv das Wachstum von Coli-Bakterien.[36]

2.9 Technische Umsetzung der Aufbereitungsmethoden

In den nachfolgenden Punkten werden die einzelnen Aufbereitungsmethoden in ihrer technischen Umsetzung beschrieben. Sie wurden durch verschiedene Institutionen als konzeptionelle Anlagen im Labormaßstab oder auch Vor-Ort bei den Trinkwasserversorgern betrieben.

2.9.1 *Adsorption*

Die Entfernung von Uranyl-Carbonato-Komplexen ($UO(CO_3)_2^{2-}$), und andere, mittels Adsorption wurde durch das „Uran-Projekt" wissenschaftlich untersucht, dabei wurden Laborversuche für das Adsorptionsverhalten von Uran an verschiedenen oxidische Adsorbentien durchgeführt. Entsprechend der Trinkwasserverordnung (9. Änderung der Lite der Aufbereitungsstoffe und Desinfektionsverfahren gemäß § 11 TrinkwV) sind folgende Metalloxide dafür zugelassen:[37]

- Eisenhydroxide z.B. zur Arsenentfernung,
- Aktiviertes Aluminiumoxid z.B. zur Fluoridentfernung und
- Manganoxid z.B. zur Manganentfernung.

Des Weiteren existieren andere Anwendungsgebiete wie z.B. die Ammoniumentfernung mittels natürlicher Zeolithe *(ist eine kristalline Substanz, deren Struktur charakterisiert ist durch ein Gerüst aus eckenverknüpften Tetraedern. Jeder Tetraeder besteht aus vier Sauerstoffatomen, die ein Kation umgeben. Das Gerüst kann durch OH- und F-Gruppen unterbrochen sein, die die Tetraederspitzen besetzen, jedoch nicht mit benachbarten Tetraedern geteilt werden. Das Gerüst enthält offene Hohlräume in Form von Kanälen und Käfigen. Diese werden üblicherweise durch H₂O-Moleküle und weitere Kationen besetzt, die häufig austauschbar sind).*[38]

Die Untersuchung zum Adsorptionsgleichgewicht zeigte, dass einen sehr starke Abhängigkeit vom pH-Wert und der Wassermatrix festzustellen ist und die Adsorption weitgehend unspezi-

---

[36] Herrmann, Sven et.al. (2017). *Entfernung von organischen, anorganischen und mikrobiellen Schadstoffen aus Wasser durch immobilisierte Polyoxometallat-ionische Flüssigkeiten (POM-SILPs)*. Angewandte Chemie

[37] Bundesministeriums der Justiz und für Verbraucherschutz. (2001). Verordnung über die Qualität von Wasser für den menschlichen Gebrauch (Trinkwasserverordnung - TrinkwV 2001). Berlin.

[38] Douglas, S, et al. (1997). *Recommended Nomenclature for Zeolite Minerals: Report of the Subcommittee on Zeolites of the International Mineralogical Assosiation, Commision on new Minerals and Mineral Name.* The Canadian Mineralogist.

fisch erfolgte. Es konnte ein deutlicher Einfluss von Calcium, Phosphat und organischen Was-
serinhaltsstoffen (Huminsäuren) auf die Adsorptionskapazität ermittelt werden.

Es wurde eine Pilotfilteranlage gebaut, um die Praxisanwendung zu testen. Aus den hierbei
ermittelten Ergebnissen konnte geschlussfolgert werden, dass die Uranentfernung mittels oxidi-
schen Sorbentien in der Trinkwasseraufbereitung nicht geeignet ist. Gründe hierfür sind die un-
zureichende Adsorptionskapazität der Sorbentien, die Störungen anderer Ionisch vorliegender
Stoffe und die aufwendige Regenerierung der Sorbentien mit Lauge und anschließender Spü-
lung mit Säure zur Neutralisierung.[39]

2.9.2 *Ionenaustauscher*

Der schwachbasische Anionenaustauscher Amberlite IRA 67 der Firma Rohm&Haas[40] und der
starkbasische Anionenaustauscher Lewatit S 6368 der Firma Lanxess[41] sind von den untersuchten Ionenaustauscher Typen am besten geeignet, um Uranyl-
Anionen-Komplexe selektiv aus Rohwasser in Form von natürlichem
Grundwasser zu entfernen.

Die untersuchten Ionenaustauscher Typen erwiesen sich im Betrieb
als robust. Schwankungen der Filtergeschwindigkeit, der Urankonzentration im Rohwasser führen nicht zu einer wesentlichen Beein-
trächtigung der Aufbereitungswirksamkeit. Die Ionenaustauscher sollten dennoch mit einem trübstoff- sowie eisen- und manganfreien
Rohwasser betrieben werden, da dies sonst in kürzester Zeit zu einem Druckverlust von über 2 bar und einer Filterverblockung führt.
Die Aufnahmekapazitäten und somit die Standzeiten der Ionenaustauscher sind auch sehr stark von der Wassermatrix *(Abbildung 4
zeigt die Wassermatrix)* abhängig. Insbesondere hohe Calcium- und
Sulfatkonzentrationen sowie hohe Gehalte an natürlichen organischen Wasserinhaltstoffen vermindern die Aufnahmekapazität deut-

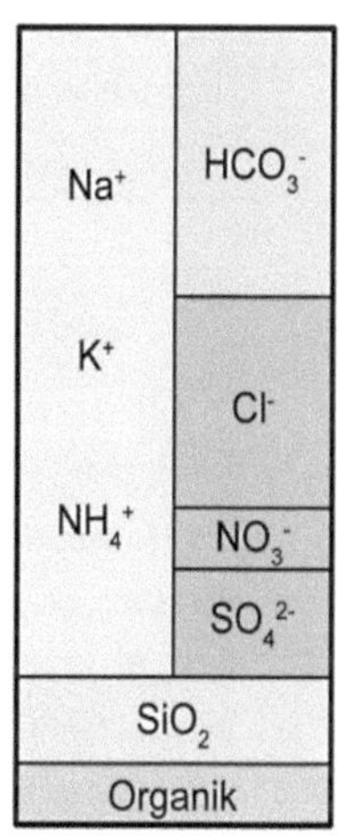

lich. Eine Prognose der zu erwartenden Aufnahmekapazität auf Grundlage der Rohwasserbe-
schaffenheit und der Betriebsbedingungen ist derzeit nicht möglich. Hier besteht noch Forschungsbedarf. [43]

Abbildung 6: Wassermatrix[42]

---

[39] Uran Projekt (2009)
[40] Datenblatt im Anhang
[41] Datenblatt im Anhang
[42] HydroGroup. (2017). Abgerufen am 12. März 2017 von http://www.hydrogroup.de/einsatzbereiche/industrie kraftwerke gewer-
be/enthaertung.html
[43] Uran Projekt (2009)

2.9.3 Flockung und Filtration

Prinzipiell ist das konventionelle Verfahren der Flockung und Filtration und/oder Sedimentation geeignet zur Uranentfernung aus natürlichen Grundwässern. Flockungsmittel auf Basis von Polyaluminiumlösungen sind besser geeignet als solche auf Basis von Eisensalzen. Ein niedriger pH-Wert im Rohwasser begünstigt die Abtrennung von Uran. Es werden bei geringeren Flockungsmittelzugaben niedrigere Urankonzentrationen erzielt. Problematisch wird die Entsorgung des mit Uran angereicherten Flockungsschlamms, da eine sichere und umweltschonende Entsorgung gewährleistet werden muss. Eine großtechnische Umsetzung ist nur mit großem baulichem Aufwand möglich, da Filter, Sedimentationsanlage und Absetzbecken vorhanden sein müssen. Nachfolgende Tabelle zeigt die Uran Entfernung mit Eisen-III-Chlorid und eines Polyaluminiumchlorid, dessen Struktur nicht bekannt ist.[44]

Tabelle 3: Uranentfernung mit Flockungsmittel[45]

Urankonzentration in g/L	Urankonzentration im Filtrat in g/L			
	Zugabe Eisen-III-Chlorid		Zugabe Polyaluminiumchlorid	
	3 mg/L	5 mg/L	3 mg/L	5 mg/L
70	-	38	13	7
40	12	9	12	5

2.9.4 Membranfiltration

Die Membranfiltrationsverfahren Umkehrosmose und Nanofiltration sind ebenfalls zur Abtrennung von Uran aus natürlichen Grundwässern geeignet. Diese Verfahren sind jedoch nicht selektiv für Uran konzipiert worden. Durch geeignete Auswahl des Membrantyps lässt sich die Beschaffenheit des Permeats in einem gewissen Bereich einstellen, was im Hinblick auf die Entsorgung des Konzentrats und der Stabilisierung des Wassers von besonderer Bedeutung sein kann.

Membranfiltrationsverfahren werden gegenüber selektiven Verfahren zur Uranentfernung nur konkurrenzfähig sein, sofern das Aufbereitungsziel nicht ausschließlich in Entfernung von Uran besteht, sondern auch einen Enthärtung des Trinkwassers gewünscht wird.[46]

3 Auswertung des Projekts

Nach Auswertung der Sachlage durch den Verfasser können die im Folgenden dargestellten Schlussfolgerungen zur Problemstellung von Uran im Trinkwasser getroffen werden.

---

[44] Uran Projekt (2009)
[45] Uran Projekt (2009)
[46] Uran Projekt (2009)

3.1 Vergleich der Aufbereitungsmethoden

Bei dem Vergleich der möglichen Aufbereitungsmethoden von Uran im Trinkwasser wurde festgestellt, dass die Entfernung von Uran mittels stark- bzw. schwachbasischen Anionenaustauscher das Verfahren der Wahl darstellt. Folgende Eigenschaften führten zu dieser Aussage:[47]

- Es ist hochselektiv für Uranyl-Anionen-Komplexe,
- die sonstige Wassermatrix wird nicht beeinflusst
- es ist robust und sicher im Betrieb
- es ist vergleichsweise preiswert
- es erlaubt eine einfache Handhabung.

Ist neben der Entfernung von Uran auch eine Enthärtung bzw. Härteverminderung im Trinkwasser erwünscht, kann der Einsatz einer Umkehrosmose zielführend sein. In Einzelfällen, bei vorhandener Infrastruktur kann auch eine Entfernung von Uran auf Basis einer Fällung/Flockung zur Anwendung kommen. Eine interessante Alternative könnte auch das neue Kompositmaterial sein, hier ist aber noch diverse Forschungsarbeiten notwendig, um fundierte Aussagen treffen zu können.

3.2 Vergleich von Urangehalten in Lebensmitteln

Zur Veranschaulichung sieht man in nachfolgender Abbildung eine Auflistung von verschiedenen Lebensmitteln und ihren ermittelten Mittelwerte für Uran. Dies soll zeigen, dass nicht nur im Trinkwasser Uran enthalten ist sondern auch in eine Vielzahl von Lebensmitteln. Die Gründe für die hierfür vorliegenden Urankonzentrationen sind natürlichen Ursprungs oder auch durch Einwirkungen des Menschen.

---

[47] Uran Projekt 2009

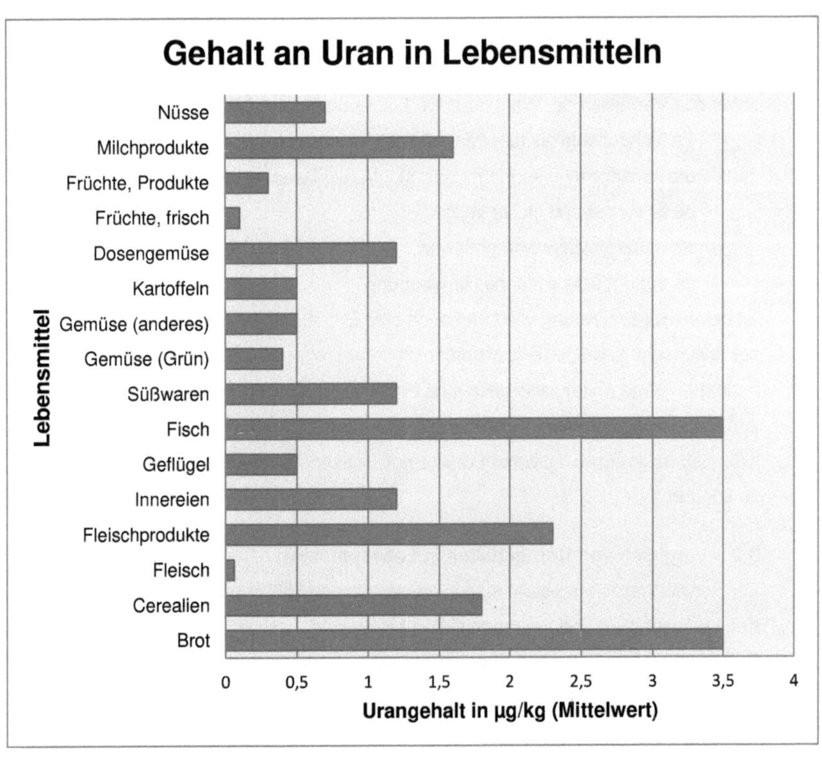

Abbildung 7: Gehalt an Uran in Lebensmitteln[48]

3.3 Fazit

Das Projekt hat gezeigt, dass der in Deutschland gesetzlich vorgeschriebene Grenzwert von 10µg/L[49] in fast allen Trinkwasser eingehalten wird. Dieser Grenzwert sollte allerdings noch gesenkt werden, da die kritische Menge für einen dauerhaften gesundheitlichen Schaden zwar bei 60 – 90 µg/L, für Risikopersonen aber schon bei 30 µg/d[50] liegt d.H. bei einer Menge von 2 Liter Trinkwasser und zusätzlich etwa 10 µg über die Nahrung, könnten gesundheitliche Schäden auftreten. In Abbildung 6 sind einige Nahrungsmittel und ihr dazugehöriger Uran-Mittelwert aufgelistet, um darzustellen, dass die Obergrenze für Uran relativ schnell erreicht werden kann. Der Grenzwert für die Zubereitung von Säuglingsnahrung auf abgepackte Wässer (= alles was in Behältnissen abgefüllt wird z.B. Mineralwasser) liegt bei 2 µg/L. Dieser Grenz-

[48] Bundesinstitut für Risikobewertung. (2007). *Gemeinsame Stellungnahme Nr. 020/2007.*
[49] Bundesministeriums der Justiz und für Verbraucherschutz. (2001). Verordnung über die Qualität von Wasser für den menschlichen Gebrauch (Trinkwasserverordnung - TrinkwV 2001). Berlin
[50] Umweltbundesamt. (2013). *Kurzbegründung des gesundheitlichen Grenzwertes der Trinkwasserverordnung.* Dessau-Roßlau

wert ist nicht über die Trinkwasserverordnung geregelt und gilt somit nicht für Trinkwasser über die Trinkwasserversorger. Aus der Sicht des Verfassers besteht Nachholbedarf bezüglich der Aufklärung von Uran im Trinkwasser über die Bundesregierung und der Festlegung eines niedrigeren Grenzwertes für Uran im Trinkwasser und der Einführung eines Grenzwertes für mineralischen Phosphat Dünger. Es sollten auch weiterführende Untersuchungen zur Feststellung des ökotoxikologischen Verhaltens von Uran durchgeführt werden, da hier nur sehr wenig bis keine Erkenntnisse vorhanden sind.

3.4   Fazit aus den Katastern

Es kann mit hoher Wahrscheinlichkeit davon ausgehen werden, dass die hier vorliegenden Daten darauf schließen lassen, dass die Urankonzentration regional stark variiert. Dies ist zurückzuführen auf Regionen mit viel landwirtschaftlich genutzten Flächen, auf die geologische Zusammensetzung des Bodens aber auch auf die ehemaligen Abbaugebiete für Uranerz. Abschließend ist zu sagen, dass sich das Uran, welches aus mineralischen Düngern eingetragen wird eher in den Böden anreichert wie im Grundwasser. In der Düngemittelverordnung ist derzeit kein Grenzwert für Uran festgelegt. Die Bundes-Bodenschutz- und Altlastenverordnung enthält keine Vorsorge-, Prüf- oder Maßnahmenwerte für Uran in Böden.

4 Tabellenverzeichnis

5 Abbildungsverzeichnis

6 Literaturverzeichnis

Bathen, D., & Breitbach, M. (2001). *Adsorptionstechnik.* Berlin: Springer.

Brockhaus ABC Chemie. (1965). Leipzig: Brockhaus Verlag.

Bundesamt für Strahlenschutz. (15. 10 2004). Abgerufen am 10. 01 2017 von http://www.bfs.de/DE/themen/ion/wirkung/radioaktive-stoffe/uran/uran_node.html

Bundesinstitut für Risikobewertung. (2007). *Gemeinsame Stellungnahme Nr. 020/2007.*

Bundesministeriums der Justiz und für Verbraucherschutz. (2001). Verordnung über die Qualität von Wasser für den menschlichen Gebrauch (Trinkwasserverordnung - TrinkwV 2001). Berlin.

Bundesministeriums der Justiz und für Verbraucherschutz. (2015). Bundes-Bodenschutz- und Altlastenverordnung. Berlin.

ChemGaroo. (2017). Abgerufen am 02. 04 2017 von http://www.chemgapedia.de/vsengine/vlu/vsc/de/ch/4/cm/phasen.vlu/Page/vsc/de/ch/4/cm/phasen/adsorption.vscml.html

Dienemann, C., & Utermann, J. (37/2012). *Uran in Boden und Wasser.* Dessau-Roßlau.

Douglas, S, et al. (1997). *Recommended Nomenclature for Zeolite Minerals: Report of the Subcommittee on Zeolites of the International Mineralogical Assosiation, Commision on new Minerals and Mineral Name.* The Canadian Mineralogist.

Dr. Becker Christian, et al. (2016). *Untersuchungsprogramm zum vorkommen natürlicher Radionuklide im Grundwasser am Beispiel Bayern.* Augsburg: Bayerisches Landesamt für Umwelt.

foodwatch e.V. (2017). *foodwatch.* Abgerufen am 10. 01 2017 von https://www.foodwatch.org/de/informieren/uran-im-wasser/mehr-zum-thema/

Herrmann, Sven et.al. (2017). *Entfernung von organischen, anorganischen und mikrobiellen Schadstoffen aus Wasser durch immobilisierte Polyoxometallat-ionische Flüssigkeiten (POM-SILPs).* Angewandte Chemie.

HydroGroup. (2017). Abgerufen am 12. März 2017 von http://www.hydrogroup.de/einsatzbereiche/industrie-kraftwerke-gewerbe/enthaertung.html

Ignatowitz, E. (2015). *Chemietechnik.* Europa-Lehrmittel.

Kärcher Futuretech. (2010). Systemhandbuch Wasseraufbereitungs-Ausstattung, leicht, luftverladbar, (leTAA).

Kernenergie. (2017). Abgerufen am März 2017 von
   https://www.kernenergie.ch/upload/cms/user/Uranerz-big1.jpg

L. Friedmann, et al. (2007). *Untersuchungen zum Vorkommen von Uran im Grund- und
   Trinkwasser in Bayern*. Augsburg: Bayerisches Landesamt für Umwelt.

Lenntech. (2016). Abgerufen am 10. 01 2017 von http://www.lenntech.de/pse/elemente/u.htm

Lingen, H. (2006). *Medizin, Mensch, Gesundheit - Krankheiten, Ursachen, Behandlungen von A
   - Z / Medizinische Fachbegriffe / Der Körper des Menschen / Natürliche Heilverfahren /
   Erste Hilfe*. Köln: Lingen.

M. Beyermann, et al. (2009). *Strahlenexposition durch natürliche Radionuklide im Trinkwasser
   in der Bundesrepublik Deutschland*. Salzgitter: Bundesamt für Strahlenschutz.

Melin, T., & Rautenbach, R. (2007). *Membranverfahren*. Springer.

Okrusch, M., & Matthes, S. (2010). *Mineralogie – Eine Einführung in die spezielle Mineralogie,
   Petrologie und Lagerstättenkunde*. (8., vollständig überarbeitete, erweiterte und
   aktualisierte Auflage. Ausg.). Berlin-Heidelberg New York: Springer.

Reverse Osmosis Systems. (2017). Abgerufen am 03. März 2017 von
   http://www.gesundheitswasser-
   osmose.de/src/umkehrosmose/trinkwasser,umkehrosmose.htm

Umweltbundesamt. (2013). *Kurzbegründung des gesundheitlichen Grenzwertes der
   Trinkwasserverordnung*. Dessau-Roßlau.

Uran Projekt. (2009). *Uranentfernung in der Trinkwasseraufbereitung*.